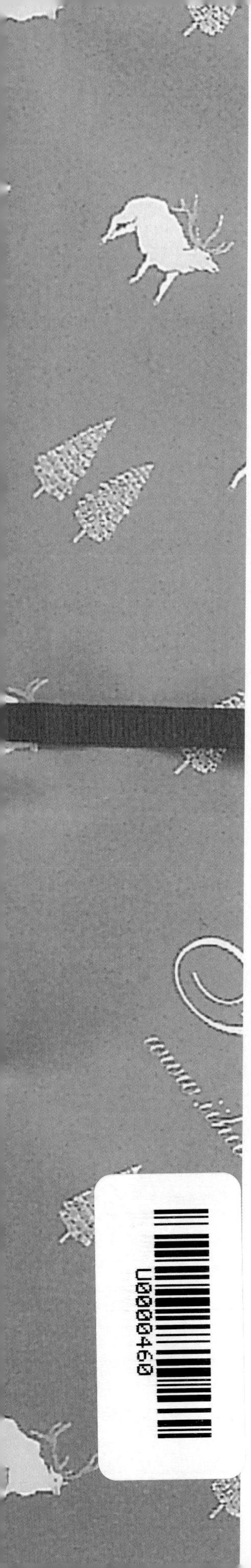

目次

關於封面

12月是年終送禮和送聖誕禮物等，
往來饋贈的季節。
這次的封面是《日々》的獨家設計包裝紙。
設計師赤沼昌治用插畫家田所真理子的畫，
作成設計圖樣，
造型設計師久保百合子挑選緞帶，
由攝影師日置武晴攝影。
這個封面充滿了《日々》
送禮物給大家的心情。

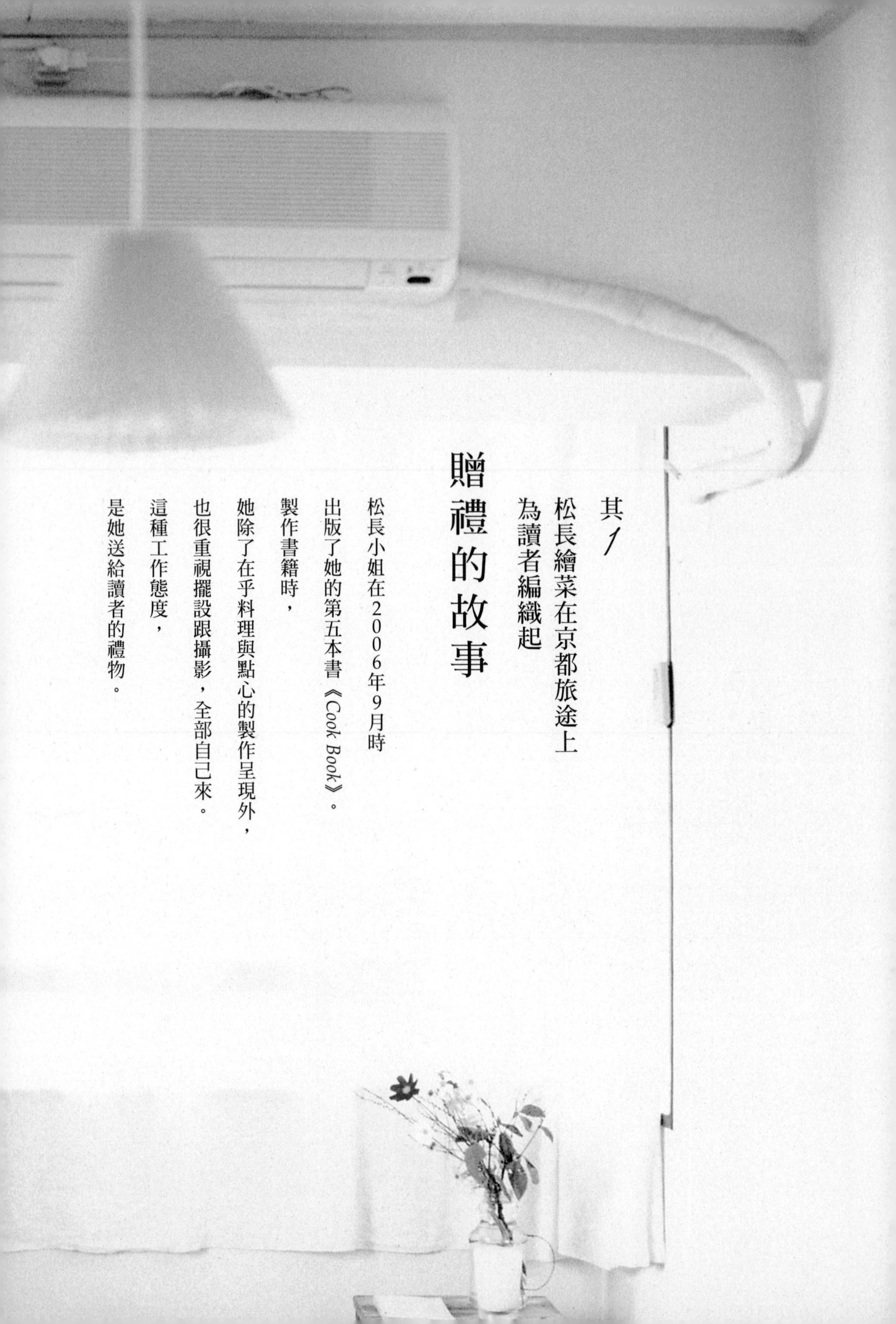

其1

松長繪菜在京都旅途上
為讀者編織起

贈禮的故事

松長小姐在2006年9月時
出版了她的第五本書《*Cook Book*》。
製作書籍時，
她除了在乎料理與點心的製作呈現外，
也很重視擺設跟攝影，全部自己來。
這種工作態度，
是她送給讀者的禮物。

書籍製作接近尾聲時，正好進入了晚夏，
「我想去一個舊書節耶。」
於是，我們前往了殘暑逼人的京都。
目的地是八月盂蘭盆連假時舉行的
「糺之森」舊書節。
每回去京都時，繪菜一定會去「進進堂」坐坐，
再去吃88歲的松永奶奶製作的反烤蘋果派。
這回她在旅途上
似乎收到了各式各樣的禮物。
禮物，不僅限於可見事物。
松長小姐的「贈禮的故事」
是如何編織而成的呢？

文—高橋良枝　攝影—公文美和　翻譯—蘇文淑

LA VOITURE

反烤蘋果塔、堅果塔可外帶。由京阪丸太町站往東步行15分鐘。京都市左京區聖護院円頓美町47-5

☎075-751-0591 ㊎11：00～18：00 ㊡週一（亦不定時公休）

（左頁）松長繪菜與松永辰夫、百合夫婦，於LA VOITURE店前。

LA VOITURE

松永百合
長年烘焙的反烤蘋果塔

91歲的辰夫、88歲的百合，松永夫婦
帶給繪菜什麼樣的寶物？

反烤蘋果塔上淋了香滑濃郁的優格。

與反烤蘋果派
相遇在30年前的巴黎

「京都有位八十幾歲的老奶奶在做反烤蘋果派（Tarte Tatin），我很想吃看看。」

就在松長繪菜的期待下，我們拜訪了平安神宮附近一處清幽住宅區內的「LA VOITURE」。

店鋪位於作家五木寬之曾經住過、也是京都最早完工的公寓一樓。街道對面，是林木茂密的武道館，一些剛練習完弓道的女學生穿著傳統褲裙魚貫走過。在充滿古都氣息的景致裡，法國風味的「LA VOITURE」卻恰好融合其中。

以製作反烤蘋果塔的聞名奶奶跟繪菜小姐的姓氏只差了一個字，叫做松永百合。

「我是大正七年（1918年）出生，今年八月八日時已經88歲了（編按：採訪當時為2006年，以2012年來計算，現已94歲）。」

LA VOITURE
コーヒー
紅茶
店

松永奶奶的背有點兒駝，但姿態可愛，說起話來神情矍鑠有力，根本看不出已經有這把年紀了。

「我三十幾年前跟女兒去巴黎，那時女兒的朋友做了一盤很好吃的反烤蘋果塔，我們三人把整盤吃光光。」

奶奶含笑地說起往事，那正是她與反烤蘋果塔的相遇。

得花上五小時製作，一天總算能做上兩盤

反烤蘋果塔這道甜點是法國中部Sologne地區，一個小地方的旅館「Hotel Tatin」的姊妹花無意間從失敗中醞釀出來的作品（譯註：她倆某天忘了先放塔皮，只好把塔皮蓋在蘋果上烤，最後再反扣回來而成就了這道甜點）。繪菜曾到旅館去學習這陰錯陽差的傳奇點心，而百合奶奶也曾在16年前到旅館探訪。

百合奶奶的孫女麻耶小姐與繪菜小姐。嬌小的麻耶小姐動作俐落，是奶奶的好幫手。

收銀機也透露出歲月的風華。

榮獲塔點愛好者協會表揚時收到的獎狀。

「不過奶奶在上頭淋優格可是獨門絕招呢。」

「對啊，因為日本的蘋果不像法國的那麼酸，所以加一點酸味比較好吃。」

「說得也是，不然一般的話好像都是加鮮奶油哦。」

果然，知道正宗作法的行家對話起來就是不一樣，若無其事又專業至極。

「畢竟做一盤就要花五小時，所以一天頂多只能做個兩盤。」

以前還曾請客人兩人點一片、三人點兩片這樣子撐過去，直到今年春天出現了一位得力助手，那就是奶奶的孫女麻耶。

「她4月時大學剛畢業，就來店裡幫忙。」

奶奶臉上透露出歡喜。麻耶小姐今年22歲，看起來比奶奶還柔弱，但動作麻利確實，把店裡打點得妥妥當當。

繪菜小姐收到的餽贈是爺爺的一句話

麻耶小姐的母親、也就是百合奶奶的女兒從事的是珠寶設計，目前正在隔壁藝廊舉辦個展。還有一位重要人物，就是百合奶奶的先生，辰夫。辰夫先生今年91歲了，繪菜在跟他交談後獲得很棒的禮物。

「爺爺說：『做自己喜歡的、有愛的工作，就能做得久，不然三天就放棄了。』這句話對我來說真是很棒的禮物。」

松長繪菜感動得眼眶盈淚。畢竟這句話是出自於一路上看著奶奶悶頭製作反烤蘋果塔的爺爺口中，自然也對繪菜形成很大的鼓勵，是很棒的餽贈。

百合奶奶端著剛烤好的反烤蘋果派。

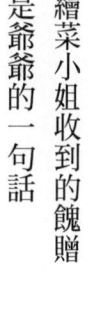

奶奶為我們示範製作要花5小時的反烤蘋果塔

1

用削皮機削掉果皮、切下果核，
把處理好的蘋果堆在一旁的籃子裡。

LA VOITURE的點心除了反烤蘋果塔外，還有堅果塔，就只有這兩種。

「一開始時還有起司蛋糕之類的，但客人反而不知道該怎麼選，所以我就決定以反烤蘋果塔為主。」

就這麼在這30年間，經歷過無數次失敗後，改良出美麗又好吃的反烤蘋果塔。也因此，LA VOITURE的反烤蘋果塔，可以說是奶奶獨創的心血呢。

「做一盤通常要用掉18顆蘋果。試過很多種類後，就酸味跟甜味的平衡、煮熟後不容易爛稠成一片的優點來講，富士蘋果最適合。」

蘋果送來後，我們開始製作。

第一步是削掉蘋果皮。先把蘋果插入固定在櫃檯的削皮機後，咕嚕嚕地一圈圈削掉果皮。接著再把蘋果切成四等份、去掉裡頭的核。

「我也來幫忙。」

繪菜加入作業陣容。她用蘋果刀細心地只去掉蘋果核，小心不切除多餘的果肉。

「如果切過頭就可惜了。這樣切得剛剛好的話，排在鍋子裡就不會有多餘的空隙。」

18顆乘以4等於72瓣都要去掉果核，包括百合奶奶、繪菜跟攝影師公文小姐在內，三個人合力也花了將近20分鐘才完成。

在厚鍋裡放入砂糖跟奶油，接著把蘋果塊呈放射狀密密麻麻地排成上下兩層，中心也堆上蘋果塊。然後在這快滿出來的鍋子上蓋上鍋蓋，開火。

2

熟練地將蘋果排進鍋中。
盡量排得緊密，這可是其中訣竅唷。

3

蓋上圓頂鍋蓋，轉小火慢煮。
酸甜香味隨著蒸汽一起冒出。

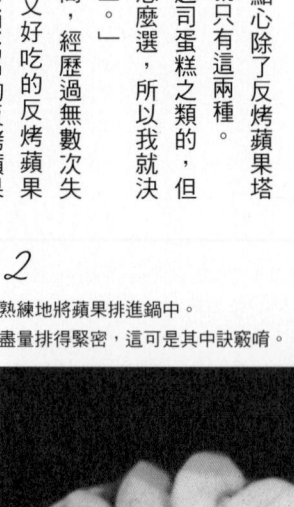

4

5

把預先放在冷藏庫裡的塔皮用料拿出來
鋪在已略微冷卻的熟蘋果上，約5mm厚。

「爐火的火力不均，所以一定要轉動鍋子，讓每個地方都均勻受熱。」

中火15分鐘，接著轉小火煮20～25分鐘。火一煮就逼出蘋果中的水分，果肉漸次縮小，這時候把上下兩層的蘋果排成一層，還有空隙的話，就用其他鍋子裡蒸煮好的蘋果來遞補。

到了這時候，屋子裡已經飄起熟蘋果的甘甜香味。奶奶偶爾會掀起鍋蓋來檢查一下蘋果焦熟得怎麼樣。

有些客人一嚐欣喜之下會想要求食譜，這時奶奶也不吝傳授。

「不過大家都說沒辦法煮成這樣。我說一定要煮到蘋果焦掉才行唷，可是大家都把持不住，一驚就關火了。」

不過，奶奶也說蘋果怎麼樣都好吃，所以只要做出自己想要的狀態就行了。

最後再把塔皮蓋在蘋果上，送進烤箱裡烤。

繪菜說：「日本人通常用派皮製作，很少人用正宗的塔皮來做。」

於是，百合奶奶做好的反烤蘋果塔，也成為料理家繪菜小姐收到的另一項禮物了。

做好的反烤蘋果派。
堆滿了將近5～6公分高的蘋果。

6

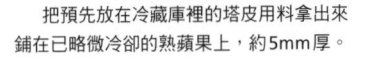

（左頁）司康套餐有奶油、果醬、鮮奶油可搭配，另附咖啡。

進進堂

京阪本線「出町柳」站下車後，步行10分鐘。位於京都大學門口。京都市左京區北白川追分町88
☎075-701-4121 ㊢8：00～18：00
㊡週二

進進堂・京大北門前

進進堂的魅力
就在那充滿陰影的空間與氛圍之中

喫茶店「進進堂」的誕生要回溯到戰前。這裡是松長繪菜珍愛的空間，她跟老闆夫婦的私交也很好。

進進堂第四代經營者川口夫婦與松長繪菜。

置身於1930年創業時的室內空間與家具陳設中

「應該說是那空間中所流動的空氣嗎？我就是很喜歡。」

第一次到進進堂時繪菜還是學生，之後每到京都，她一定會來進進堂坐坐。

「店家如果發現你在念書就不會打擾你，這種待客的貼心之處拿捏得很好。」

進進堂這個空間，應該是由它在長久年月中孕育出來的氛圍、織紡出這一切的客人、傳承四代之久的老闆及所有員工所合力打造出來的吧。

繪菜很喜歡在這裡看書。互不相識的人圍著巨大的橡木桌，佔據著各自喜歡的一角。斜前方的女生正對著電腦，不曉得是不是在打報告？中年男士讀著一本看來很難的專業書籍。沒有人高談闊論，進進堂就是一個這樣子的地方。

現任老闆川口夫妻是創業以來的第四代。這對優秀的夫婦把店裡打理得有條不紊。

「曾祖父的家裡是開麵包店的，他本身也是詩人，1924年時去過巴黎遊學。」

右為熱柳丁汁。中為搭建涼亭與小池的中庭。這兒的光源也為室內帶來了陰影。左為磁磚立柱。

那時曾祖父住在拉丁區，沒事便跟朋友在咖啡廳裡聊天讀詩，這經驗讓曾祖父立志「回國後，也要在京大附近開間這樣子的店。」

於是在1930年3月3日，進進堂誕生了。一開始只有麵包店，隔年則在旁邊加開了喫茶店。

「曾祖父是詩人，連開店廣告也自己寫，好像寫了什麼『年輕人哪，入內來探！』、『梧桐街樹優雅之路，今日開幕。』之類。很像剛從法國回來的詩人會做的事吧？」

提供大木桌，讓學生方便討論與讀書

進進堂裡舒服的裝潢陳設，也是出自於曾祖父的意思。那張橡木桌，是曾祖父的朋友黑田辰秋（後來受封為人間國寶）以能使用兩百年為前提製作的。之所以做得那麼大，是為了要讓學生跟老師圍著大桌讀書討論，所以製作成可坐十人的大桌。

高挑的天花、配合木頭而做的拼木地板、復古的燈具與白電燈泡，一切都顯得溫潤。

「牆壁上的木雕摘錄的是英國詩人華茲華絲（William Wordsworth）的詩《虹》，那裡頭也包含了曾祖父的思想。」

櫃檯的大理石與磁磚也在年月中被磨掉邊角，成就了渾潤。這個連背景音樂也沒有的空間，就某種意義來說，清簡至極。

隔壁麵包店的裝潢幾乎還保留著創業當時的樣子，磁磚、招牌、燈具全是特別訂製，鋪滿彩色磁磚的柱子散發出一股新藝術風格。

這也難怪喜歡舊書、珍惜所有能感覺得到歷史氛圍的繪菜，會這麼喜歡進進堂的空間了。

「我也很喜歡川口夫妻，每回來這裡，回去的時候，總會有一些心靈上的收穫。」

（右頁）一整天客人來來去去的進進堂裡，一早忽爾有了片刻的寂靜，長桌無物颯爽。

糺之森舊書節

在下鴨神社的糺之森裡
發現給自己的禮物

松長繪菜很喜歡看書，她在一直想去的舊書節裡，找到了七本喜歡的書。

挖寶挖到了一本手繪圖冊，看來今天的購物可愉悅滿足了。

（左頁）群綠映襯著舊書店的棚子，看來涼爽宜人，但其實京都的盛夏還是不容小覷。

糺之森舊書節

正確名稱為「納涼古本祭」，從京阪叡電的「出町柳」站下車，步行5分鐘可達。 ㊋京都古書研究會 http://www1.kcn.ne.jp/~kosho/koshoken/

愛書人絕不能錯過這在林木蔥鬱的世界文化遺產裡舉行的舊書節

「書，尤其是舊書我特別喜愛，有時候裡頭會夾著一些小紙張或筆記，能感受到前人的氣息，感覺上，就好像是給我的禮物一樣。」

我們之所以在猛暑逼人的時節來到京都，是為了要配合下鴨神社「納涼古本祭」的舉辦時間。

雖然京都有不少舊書市集，不過在世界文化遺產的林地裡舉行的這個舊書節，一年可只有一次。下鴨神社是京都最早的神社之一，裡頭有好些建物都被登錄為重要文化財。這裡有一條與參道平行的馬場，五月葵祭時，武者會騎著馬射箭，稱為「流鏑馬」，十分出名。

而舊書節就是在這條不到一公里的馬場上舉行。陽光無情地從林木間穿透而下，照射在將近四十間店鋪的攤位上，店家各自擺出專精的書籍類型。

京都的古書研究會每年會舉辦三次舊書節，分別是春天在京都市勸業館的「古書大即賣會」、夏天於下鴨神社糺之森的「下鴨納涼古本祭」、以及秋天在百萬遍知恩寺的「涼秋古本祭」。繪菜曾經去過其他兩個，一直很想去糺之森的舊書節晃晃。

她一家一家店慢慢地逛，兩小時後笑嘻嘻地抱回了一疊書來，高興地說：「老闆半買半相送。」

那就讓我們早點來看看她買了什麼吧。大家齊坐在小溪的石橋欄杆上，各自展示成果，不過還是繪菜領先。她買了七本，花不到3500日幣。

松長繪菜拿起一本詩集。

各家店鋪棚架上堆得滿滿的書籍，顯現出一家店的性格。

松長繪菜大感動！夾在字典扉頁裡的三色堇

「你們看，這本字典裡有三色堇耶！」

那是兩朵三色堇的壓花。書上寫著《*WESSELYS FRENCH-ENGLISH DICTIONARY*》，是一本密密麻麻印滿小字的英法字典。

「我也會這樣做耶！感覺上，前任主人的作法好熟悉唷，買到這本書，真是太好了。」

除了這本字典外，她還買了六本舊書，有昭和12年出版、當時定價一圓五十錢的《全家一起做的五百道甜點》、《詩集・花與輪椅》（昭和52年，自費出版？）、《宮澤賢治歌集》（昭和21年，拾四圓八十錢）、《化為草》（昭和9年，壹圓）、《*BUNDESREPUBLIK DEUTSCHLAND*》黑白攝影集，還有一本收錄了40張優美手繪圖案的大畫冊《*Spanish Colonia Ornament*》。「京都舊書節給了我好棒的禮物呀！」

繪菜小姐的「贈禮故事」之旅，於焉豐收結束。

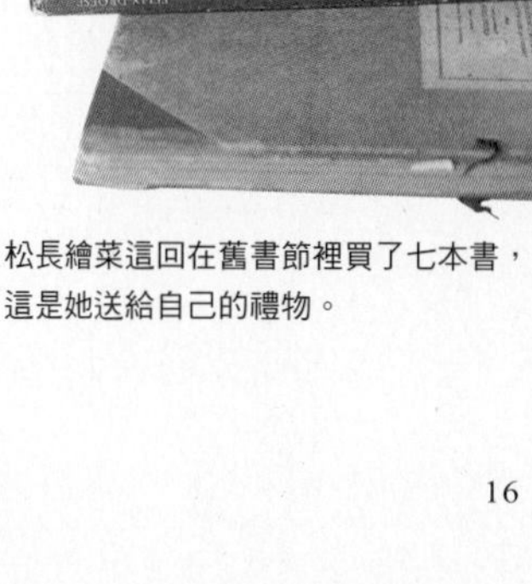

松長繪菜這回在舊書節裡買了七本書，這是她送給自己的禮物。

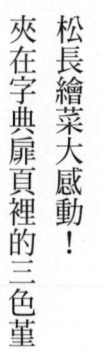

烘焙類選擇能保存較久的蜂蜜蛋糕

「這一趟去京都有很多收穫，是令人難忘的旅行呢！」

所以一定要回贈給這些關照過自己的人一點心意。松長繪菜以非常有她個人風格的方式表達「感謝的形式」。

那就是親手製作的蛋糕跟謝卡。

「這種蛋糕剛烤好時好吃，放個幾天後，香味出來更好吃！」

就是「蜂蜜蛋糕」。

淋在上頭的糖霜軟綿綿，像剛下過初雪的雪山一樣。正中央的開心果給整個蛋糕帶來畫龍點睛的妙趣。

蛋糕裡，則混進浸泡過白蘭地的無花果乾跟紅醋栗。

「無花果乾快用完的話，我就會加點新的，一直泡上幾個月。通常泡一個禮拜就入味了，不然，至少

其2

對關照自己的人表達感謝的贈禮

松長繪菜——化感謝為形體

從京都的旅行歸來也已經過了一個月，
秋意漸漸深濃。
在這樣的午後，我們在松長小姐家裡
拍攝「化感謝為具體表現」的單元。
這是充滿繪菜風格的贈禮。

也要泡個兩、三天。」

攝影師公文小姐跟繪菜不但有工作情誼，私底下也有交情。

「繪菜的蛋糕真的很好吃唷，這個我也想要做看看。」

「對哦，你曾經用過我的方法做蛋糕，那時候我好高興。」

繪菜井然有序的房裡，書架上隨意擺著她從舊書節買回來的舊書。

「百合奶奶的反烤蘋果塔真的好好吃唷，裡頭有她滿滿的熱情。對我來說，今後也要繼續工作，所以爺爺的話讓我從心感受到對工作有愛是多重要的事。」

進進堂的川口夫婦前一陣子來東京時也跟繪菜碰了面，現在就像是她在京都的家人一樣。這次繪菜還在舊書節裡買了七本書，看來這趟旅程真的成果豐碩呢！

 料理・造型—松長繪菜　文—高橋良枝　攝影—公文美和　翻譯—蘇文淑

浸泡過白蘭地的無花果乾
透露出了成熟風味的蛋糕

蜂蜜蛋糕

■（直徑12公分的圓型烘焙紙模2個）
無鹽奶油——100g
雞蛋——2顆
砂糖——70g
蜂蜜——4大匙
低筋麵粉——100g
發粉（泡打粉）——1小匙
白蘭地漬無花果乾——8顆
白蘭地漬紅醋栗——¼杯
糖粉——150g
蛋白——略少於1顆
開心果——2顆

■做法
❶奶油回溫到常溫後，放進盆裡用打泡器打到鬆軟，加進砂糖，打至呈白色軟綿狀後，加入蜂蜜繼續打發。
❷將打好的雞蛋分兩、三次加入盆內，邊加邊拌勻至白色泡狀。
❸從材料中的低筋麵粉，挖出堆得滿滿的一小匙，塗抹在已擦乾水份的水果乾上。

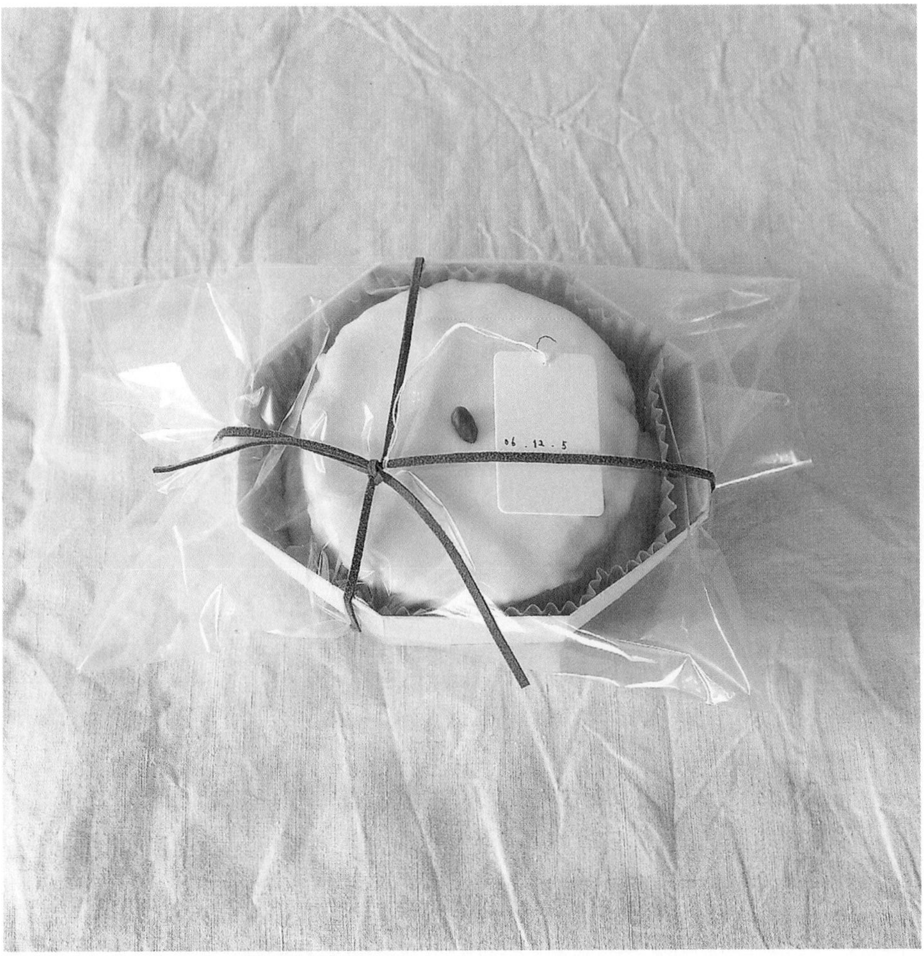

糖霜乾了之後再包裝。
將蛋糕裝入八邊形的盒子裡，用玻璃紙包起來，用藍色的細緞帶繫上簡單不做作的結，很有松長繪菜的風格。

❹將低筋麵粉跟發粉一起過篩後加到❷盆裡，以塑膠刮杓拌勻至乾鬆的程度。

❺將❹分成數次倒進模型裡，讓表面盡量平整。

❻將❺放入已加溫至攝氏160度的烤箱內，烤個22～32分鐘後，用竹籤刺刺看，竹籤上沒沾黏上麵團的話就表示烤好了。將蛋糕連著紙模移到散熱網上，等蛋糕降溫至可碰觸的溫度後，將紙模拆下，用保鮮膜包起，放置一天後更好吃。

❼將糖粉跟蛋白混合均勻後，淋在蛋糕上，中心放顆開心果，讓糖霜在常溫下冷卻。

香草白蘭地漬水果乾

■做法

把水果乾放在濾網裡，用熱水從上面繞圈燙淋，以洗淨表面的油脂與髒污。接著擦乾水份，在已經用熱水燙過消毒的瓶子中，放入一點香草莢裡的香草，並把水果乾放入，接著再倒入白蘭地直到完全覆蓋住水果乾為止。靜放兩、三日，使其入味。

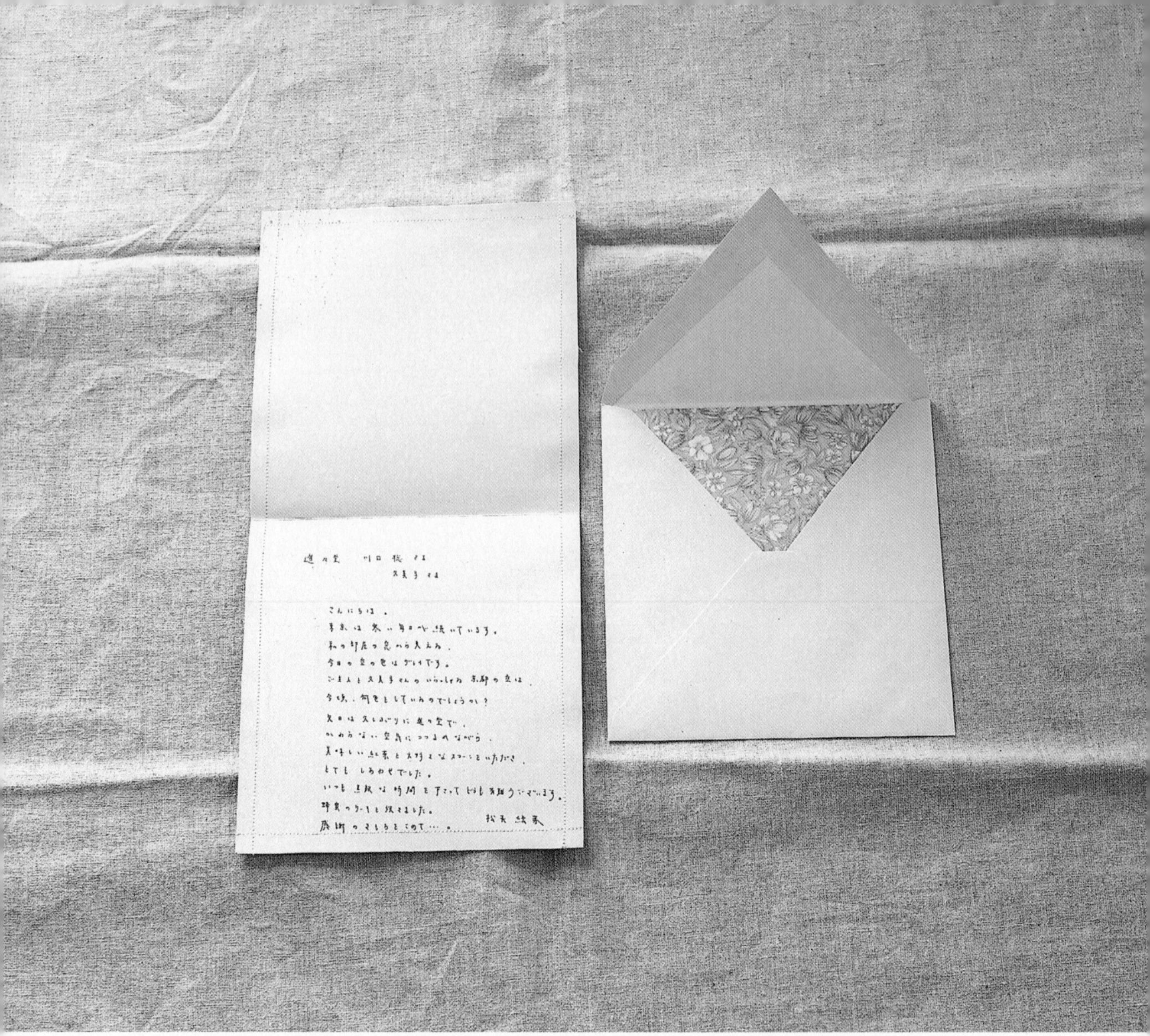

寫給進進堂川口夫妻的謝函。松長繪菜的新書《*Cook Book*》裡也收錄了她親筆寫的文章。

謝卡的信封跟卡片也是親手製作

松長繪菜另外還準備了一樣「化感謝為具體表現」的禮物，要送給在京都相遇的朋友，那就是謝函。

「這是我用在京都買的紙做的。」這份包含謝卡與信封的謝函，內裡貼上花朵模樣的紙張，高雅又溫柔。

繪菜用纖細的鋼筆在上頭寫下感謝的字句。

「我喜歡黑藍色調的墨汁。」最近很少看到女孩子用鋼筆寫字了，所以聽見她說喜歡，我有點新奇也有點訝異。

黑藍色的小巧字跡從纖細的筆尖上一字一字流露出來，化為感謝，鋪滿紙張。

繪菜的心意也就包含在這親手製作的蛋糕與謝卡中，傳達到珍愛的京都友人手上。

生活與器皿❷
「咖啡歐蕾碗」

久保百合子（造型設計師）

這是井山三希子做的碗，做出切面的地方，讓我回想起過去很喜歡的咖啡歐蕾碗。平常是喝什麼也沒加的黑咖啡，冬天會倒入大量熱呼呼的牛奶作成咖啡歐蕾，很想用這個碗喝喝看。
器皿楓　☎03-3402-8110

對於在小孩被禁止喝咖啡的家庭中長大的我來說，在邁入20歲的時候初次嚐到的咖啡歐蕾，應該也可以說是咖啡的初體驗。

那個時候的女孩子，大家手捧著沒有把手的咖啡歐蕾碗，喝著咖啡歐蕾，光是這樣就感覺很有巴黎的氣氛。

然後拚命去看法國電影，想要確認實際上到底是該怎麼喝（例如將方糖從盒子裡直接用手、不做作地放進咖啡杯裡之類）。

從那時候開始，去看電影時也都光注意吃東西、喝飲料的畫面而已。

我想，用咖啡歐蕾碗喝咖啡歐蕾這件事，和書本、電影一起，塑造了今日的我。

大宅稔的咖啡豆講座

將純棉布剪成四片三角錐形狀縫起來作成袋子。將這個棉布袋放入味道淡薄的咖啡裡煮兩分鐘左右，袋子染成咖啡色之後，把布擰乾，穿過用鐵絲作成的把手，就完成了法蘭絨濾布（Nel Drip）。使用的時候，咖啡豆可以比平常研磨的粗一點。

過濾的方式和濾紙一樣，但是要花上三、四倍的時間來滴濾。所以用法蘭絨濾布是最麻煩，但也是最好喝的咖啡過濾方式。用完之後清洗布袋（無須使用清潔劑）、放在加了水的容器裡，放進冰箱裡保存。咖啡是貧窮、悲傷、遙遠國度的人們之寶物。我想透過使用法蘭絨濾布的麻煩，多少能夠感受到這點吧。

大宅稔手縫製作的
法蘭絨濾布

文・設計─久保百合子 攝影─日置武晴　翻譯─王筱玲

日日愛乾淨

日日掃除，日日療癒

文・攝影—傅天余

我很喜歡打掃，但是並不是像有潔癖的人那樣，對於保持乾淨有著強烈而頑固的執念。比較具體的說法應該是，雖然不是特別愛乾淨，但我一點也不討厭用手去進行各種清潔打掃的工作，比方洗碗、擦地板、洗衣服，刷浴缸等等。從洗碗機到掃地機器人，現在大部分的家事都有設計精良的自動設備可以代勞了，但我還是喜歡親自用手去進行這些日常掃除。

我曾經觀察過一個同樣喜愛掃除的朋友打掃她的公寓，整個過程與其說是在掃除，不如說她是透過打掃這個行為，在用雙手撫摸自己喜愛的家具、地板，一一確認自己所擁有的各種物品。那個人專注擦拭地板的神情裡透露著一抹滿足，擦拭時手的姿態也展現著樂趣。在那一刻我忽然明白，或許這正是神需要人的理由，因為神必須透過我們的雙手去感受萬物。

透過清潔打掃的行為，人可以跟一件衣服、一個碗、一個杯子發生出親密的關係。

一件全新的潔白襯衫，跟一件洗過許多次而變得柔軟而稍微有點泛黃的白襯衫，相較之下我更喜歡後者。我也喜歡看到別人家中的地板、家具、杯盤，雖然陳舊但是透露著一股被長年打磨擦拭的潔淨感，彷彿閃耀著被某人好好使用、小心珍惜的光芒。這些生活道具與某個人的生活緊密結合，每天被使用、被清潔，年深日久，累積而成為一股不可取代的高貴質感，這可以說是生而為生活道具的最高尊嚴吧（笑）。

「環境與人心永遠在添加污染，永遠的污染也只有永遠的清掃，別無他法。」日本禪師松原泰道在《禪語百選》中這樣解讀唐朝神秀禪師「時時勤拂拭」的偈語。

掃除是單調地重複同一個動作，因此許多人一想到這些打掃瑣事便心生厭倦。今天把地板擦乾淨了，明天還是會沾上新的污垢。這一頓飯與下一頓飯的碗筷、今天的衣服跟明天的衣服，髒了洗乾淨，洗乾淨了又變髒，就這樣無止盡的重複循環，永遠沒有結束的一天。從人生苦短的角度看來，打掃根本是看似徒勞、甚至可以說有點荒謬的薛西佛斯式行為。但是一個家庭裡若是沒有人願意進行這些清潔掃除的事務，家庭成員生而為人的尊嚴將會迅速崩塌。

日復一日持續的愛情，跟日復一日的打掃一樣困難。我們可以把對一個人的愛，透過打掃的方式表現出來，用雙手為在意的人洗乾淨一只杯子，擦拭他弄髒的桌子，希望對方感到舒適安全。為了維持住一家人的生活秩序，家庭主婦們每天勤快的清洗、擦拭，沒有報酬，更不會得到誰的肯定，背後展現的，其實是對於日常生活最深刻的愛情。

清潔打掃，總能為人帶來極大的療癒。我經常為工作忙碌奔波整個禮拜，週末好不容易有空，花一整個下午的時間待在家裡，對平常沒有太多時間好好相處的生活抱持著輕微的歉意，慢慢打掃、清洗各種東西，用手確認屋內每一樣物品的狀態。慢慢消除各種物品上的污漬，讓它回到最初的潔淨狀態，專注在打掃中的我總會覺得自己變得更強壯，對世俗的種種煩擾變得毫不在乎。在一擦一抹的反覆動作中，心情會逐漸平靜下來，原本紊亂的思緒也會清楚起來。

掃除，就像是對於日常生活的祈禱，完成之後會感到彷彿生活可以從這裡重新開始，乾乾淨淨迎接另一個全新的日子。因此可以說，掃除，是讓人生重新開始最簡單的方法。

料理家米澤亞衣的私房食譜❷

義大利日日家常菜

在接近聖誕節的本期中，料理家米澤亞衣為我們介紹在義大利的家庭中，經常會出現在聖誕節餐桌上的義式白斬雞。整隻雞和充滿香氣的蔬菜一起燉煮，煮出來的湯汁也可以拿來使用，是一道非常道地的聖誕節家庭料理。雖然必須仔細地撈去浮沫，但這也是此道菜美味的重點。

料理・造型設計—米澤亞衣　攝影—日置武晴　翻譯—王筱玲

1

雪球肉汁湯

Palla di neve in brodo

住在佛羅倫斯山丘上的喬安娜，她家中的牆壁滿是自己所畫的畫。不知道是不是因為這樣的關係，她所作的料理總是彷彿有著繪畫的趣味，洋溢著可愛的氛圍。

■材料（4人份）

肉汁高湯（brodo di carne）*——1L
帕馬森乾酪——60g
去邊的土司——60g
蛋——1顆
檸檬皮——1顆份
肉豆蔻——適量

■做法

- 將帕馬森乾酪、麵包、蛋依序放入食物調理機中攪拌，或磨碎帕馬森乾酪和土司後，與打勻的蛋充分攪拌。
- 將檸檬皮表皮磨碎，加入磨碎的肉豆蔻之後攪拌均勻。捏成1cm大小的球狀。
- 煮開肉汁高湯，調出極淡的味道，放入雪球。
- 以中火燉煮，當雪球浮上來的時候，再加鹽調整味道，然後盛入器皿中。

*這次使用的是雞汁高湯（參照左頁）。

2 義式白斬雞

Pollo lesso

在托斯卡尼的小村子裡，經營肉店的納德在橄欖樹繁盛的庭院裡放養閹雞。養到聖誕節前，長得圓圓胖胖的雞，在聖誕夜裡整隻光溜溜的慢慢熬煮，煮出香氣四溢的湯頭。

■材料（4人份）

雞（中型）——1隻
洋蔥——1顆
紅蘿蔔——1根
西洋芹——½根
番茄——1顆（或小番茄5顆）
大蒜——2瓣
義大利巴西里——3～4枝
羅勒——2枝
黑胡椒粒——1大匙
粗鹽——適量
初榨橄欖油、粗鹽、黑胡椒可依喜好添加

■做法

- 將雞用水沖淨，去除血水和白色的脂肪。
- 將水分拭乾，雞翅、雞腳和身體三個部位用線綁起來。
- 在雞可以整隻放入的鍋內加入八分滿的水，然後放入去皮的洋蔥、紅蘿蔔、西洋芹、番茄（不去皮）、大蒜（壓扁）、義大利巴西里、羅勒、黑胡椒粒，開火熬煮。
- 煮滾之後，把雞放進去，一開始用大火煮，撈去浮沫。
- 將火調整至熬煮的湯汁可以維持靜靜地滾的大小，撈去浮沫和油脂，熬煮約一個半小時。
- 加入少許鹽調味。
- 把雞盛入盤中，把綁著的線拿掉。
- 用刀子切下想吃的部位，然後沾著初榨橄欖油、粗鹽、研磨過的黑胡椒等調味料食用。

※高湯濾過之後可以在吃肉之前先上桌食用。除了作成起司球湯、也可以隨個人喜好加入短麵（譯按，小型的pasta，如通心粉）或是折短的義大利麵、煮過的米等。

※煮高湯用的蔬菜、洋蔥、紅蘿蔔等可以搭配雞肉裝盤，一起食用也很好吃。

（＊譯按：brodo在義大利料理中，是基本的高湯，根據材料不同，分為肉汁高湯、海鮮高湯和蔬菜高湯三大類，而肉汁高湯使用的是牛肉或小牛肉，以及雞肉兩種。）

江戶前壽司❺

玉子燒

「要做握壽司用的玉子燒，白蝦是最好的選擇。明蝦的肉太硬，無法跟蛋汁融為一體。」白蝦在秋天要進入冬天之際最為盛產，春天要到夏天時則使用沙蝦，夏天則是鷹爪蝦為上。

「這三種蝦子是玉子燒最重要的配角。蝦肉在玉子燒中只是淡淡提味，為了讓蝦子融入蛋汁中而不搶戲，得將蝦子磨成泥。」

在碩大的缽中將白蝦磨成綿密蝦泥的，是長年在松下進太郎先生旁工作的山沖先生。他說，孩童時期有幕光景像是褪色的照片般浮在腦海中。那是一家平常會跟家人一起去吃的極為普通的壽司屋，有天在下午休息時間，壽司屋的學徒默默地在座位席上磨著東西。我問了句，你在做什麼？他回答：「在做玉子燒啊！」對我而言，那是我認識壽司屋玉子燒的原點。原來是這樣做出來的，難怪這麼好吃。

現在的壽司屋賣的玉子燒，大多是純蛋汁去煎得厚厚一塊，像這樣加入白蝦泥，烤得像蜂蜜蛋糕般鬆軟的玉子燒已經難得一見了。有些甚至很明顯地是從築地市場買人家做好的回來，不禁讓人大失所望。

確實以玉子燒這樣一種食材，不僅要耗時費力，若再加上只是用來提味的蝦子之成本，根本就不划算。但是那食而無味的厚煎玉子燒，溼潤潤的口感，怎樣都不適合拿來跟壽司飯搭配。

「玉子燒是因為有魚肉或是蝦肉一起去磨，才真正算得上是江戶前壽司之味。當然加蝦肉是最高級的。綿密的煎蛋加上蝦鬆的握壽司，那香氣是一級棒。若以西餐來比喻，就像是餐後甜點，有畫龍點睛之效。」

松下先生邊說，手上邊以滿懷的愛心捏製出玉子燒握壽司。為了要回應他的心情，我兩三下就將它吃得一乾二淨。原來這就是江戶前的玉子燒呀！我在心中低迴不已。

玉子燒握壽司

烤

將銅鍋均勻加熱後，倒入蛋液，以文火慢慢烘烤。因為蛋會大幅度膨脹，蓋子下方最好放上筷子。翻面再烤。

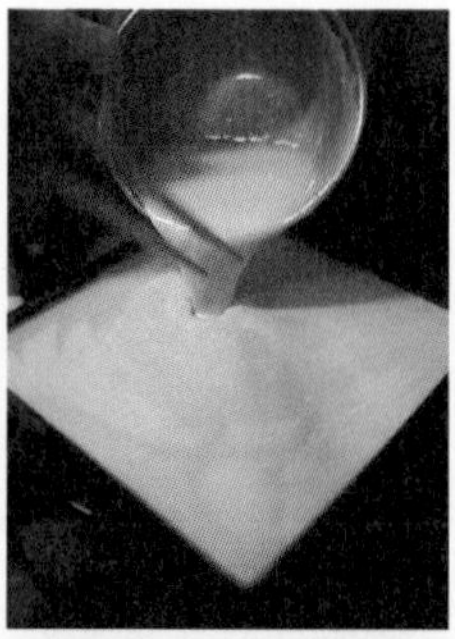

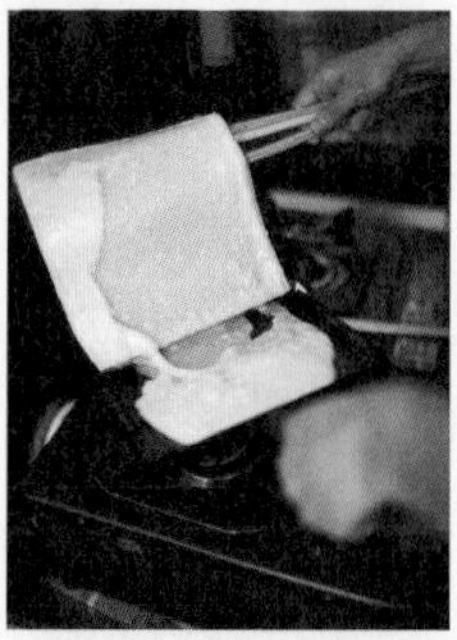

磨成泥

白蝦加鹽開始磨，之後再邊加上砂糖、山藥、蛋黃邊磨，最後再加入蛋白及高湯。

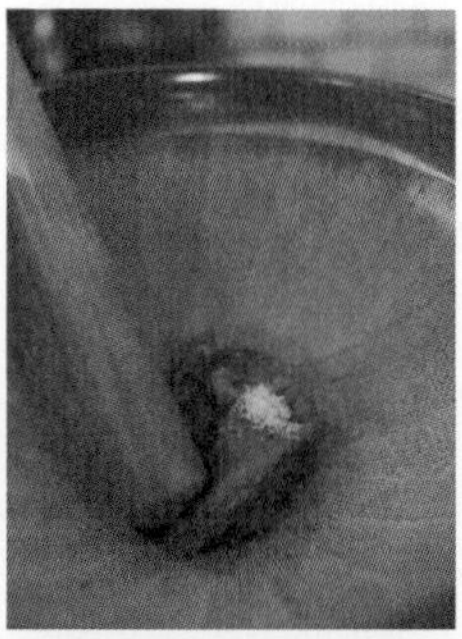

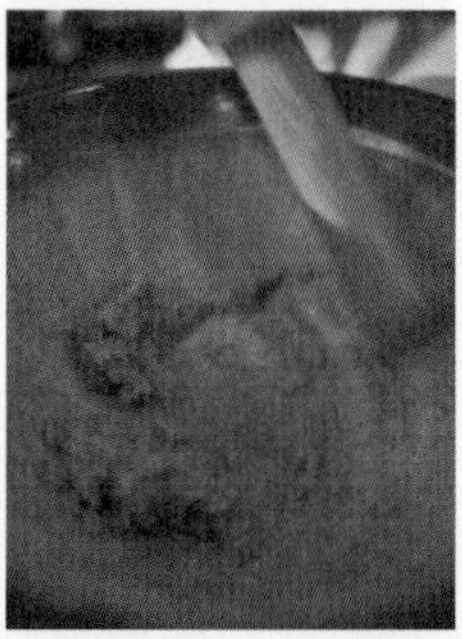

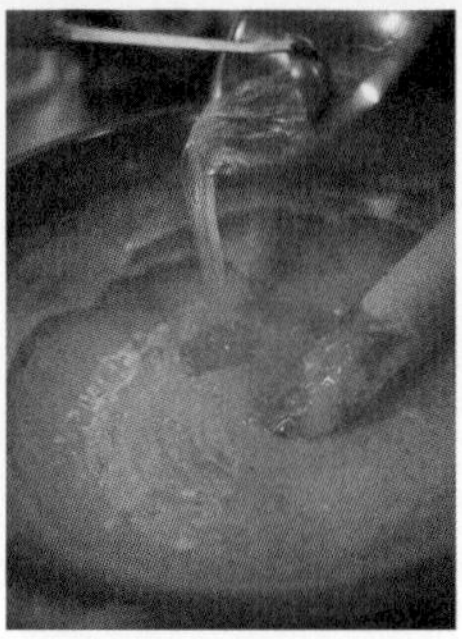

事先準備

白蝦去殼後，在砧板上先大致切成碎塊。為了到缽中較好磨，盡可能地剁碎些。

文—高橋良枝　攝影—日置武晴　翻譯—王淑儀

台灣好物❶

李大川棉被店

創立於民國25年的李大川棉被店，現在傳承到第三代李俊龍，但主要由第二代的婆婆李許素與第三代的媳婦靜瑜掌理。拜訪這間超過一甲子的棉被店時，小時候蓋的那種純棉被子的觸感頓時湧上心頭。

文—王筱玲　攝影—李俊龍

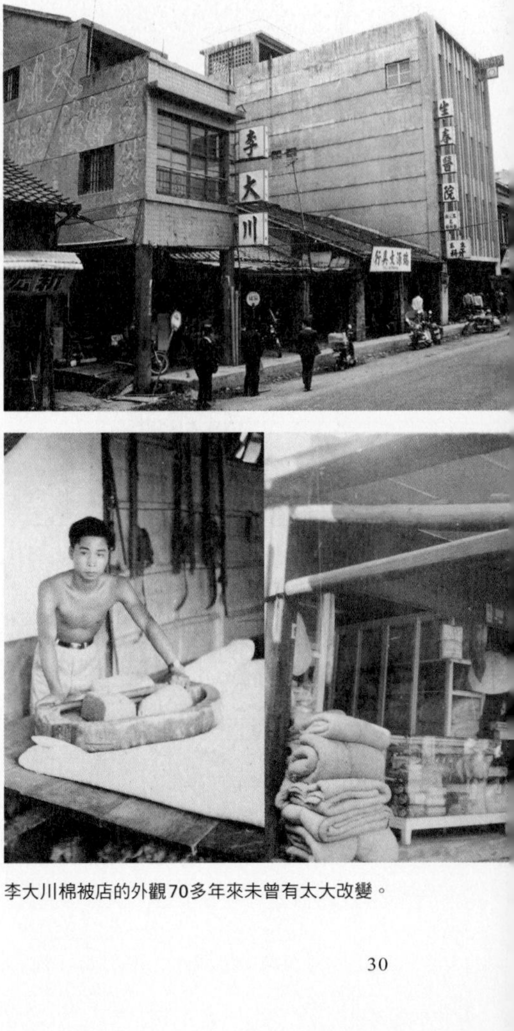

李大川棉被店的外觀70多年來未曾有太大改變。

搭乘新開通的台北捷運輔大線，到了台北橋站，走出站，就是新北市三重區繁華的大馬路重新路一段。經過熱鬧的市場巷口，在成排的各式商店中，找到了李大川棉被寢具專營店。雖然緊臨大馬路，但是這裡的建築，還依稀可見傳統長屋的樣式，狹長的空間裡陳列著各種棉被、蠶絲被、枕頭、被單等寢具。

興趣、工作與家族傳承事業之間的掙扎

和現在的第三代老闆李俊龍其實是十多年前工作上的舊識，但過去從沒聽說他要接班棉被店，因為俊龍以專業攝影師的身分，活躍在職場上將近三十年，印象中喜歡旅行、探險、水上活動、自然觀察的他，讓我印象最深的是曾經自己蓋溫室飼育台北樹蛙和翡翠樹蛙，還曾收留過一陣子因為誤闖瑞芳工廠，而被我救回的領角鴞。

他說，父親在世的時候，一直要他承接家業，但當時還年輕的他，完全不想接手棉被店，一直反抗，

婆媳至今仍一起縫製棉被。

直到父親過世守靈的時候，他覺得自己是家中的長子，應該要接下這個祖父一手打造的棉被店事業。但因為在台灣，棉被店有九個月的淡季，幾乎可以關門不用作生意，因為在大熱天沒有人會想來買棉被，加上他還沒有放棄攝影的工作，所以主要還是由妻子靜瑜和媽媽兩人打理。

傳統棉被店成了街坊記憶的連結

位在市場邊的棉被店，對附近的人來說，是再熟悉不過的風景，儘管有老一輩的人老是念著從小就光顧李大川棉被店了，但這些老人家口中的光顧，卻僅是年輕時候來買過棉被當嫁妝，往後二、三十年，卻鮮少再買新的被子，因為他們家的被子不會壞，而且還有售後服務，不管是被單縮水要改棉被尺寸，或是久了要換裡面包覆棉花的紗布。

「我們的棉被品質很好，但結果就是生意大概只做得到一次。」俊龍苦笑著說。

因為棉被店沒有時尚的裝潢，年輕人不懂純棉製作被子的好處，也不愛來這裡，「對一些長輩來說，李大川棉被店是有信用的店，所以常會有父母帶著年輕的孩子來這裡買棉被，但這裡比不上百貨公司專櫃光鮮亮麗，總是讓年輕人提不起勁。」俊龍無奈地說。「不過現在有我女兒經營李大川棉被店的臉書，會吸引一些想要找一床好被的年輕人；也靠口耳相傳的力量，因為蓋過我們家棉被的人，就會喜歡上這種純棉製作的被子。」

手工縫製的棉被至今仍論斤賣

直到幾年前，李大川棉被店的棉被，都還是在這個長屋最裡面的台子上開棉、鋪棉、彈棉花，然後

李大川棉被寢具專營店

新北市三重區重新路一段71號

☎02-2972-3320

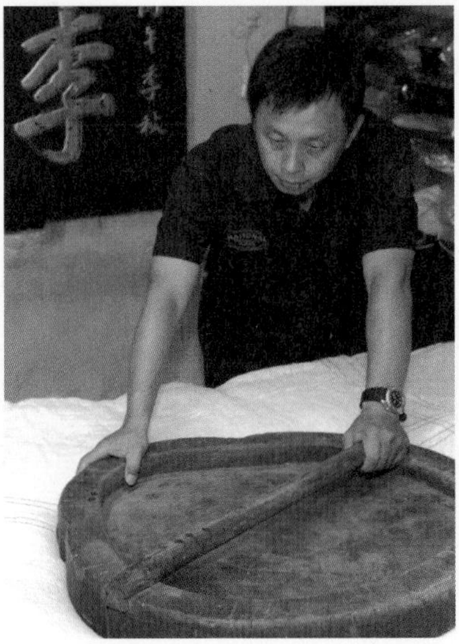

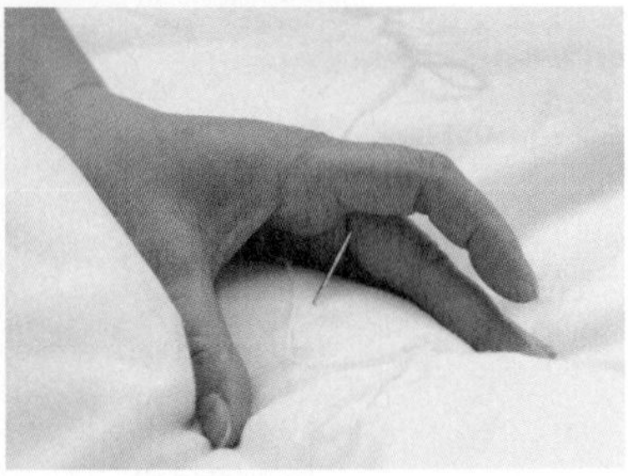

不像機械縫製的棉被是以「經緯線」交錯縫製，產生過多的擠壓縫合線條；李大川棉被是將鋪平後棉花纖維以「點」的方式和表層棉紗布縫合，以手工釘縫點32～45點，使棉花纖維和紗布完全密合，而又不失鬆軟。

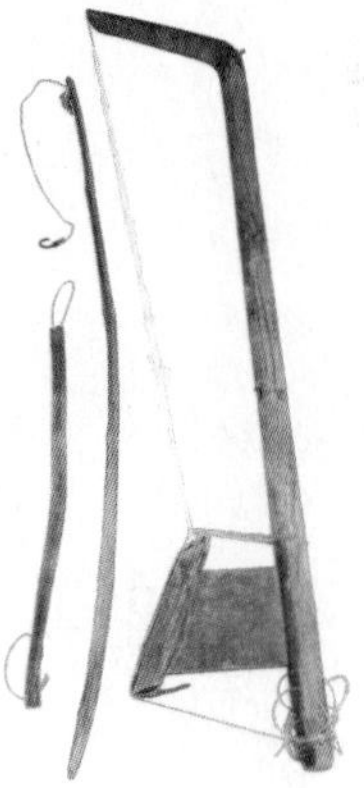

創店以來所使用的工具。

壓篩、牽紗、掄紗。但因為環境意識的高漲，彈棉花產生的棉絮，引起鄰居的抗議，因而現在在工廠彈好之後，才送來店內進行後續的處理。除了彈棉花之前的步驟，後面的工作現在仍是由婆媳以手工製作。李大川棉被從早上十點開始營業到晚上十點，因為有店頭銷售一些寢具的關係，婆媳兩人一天大約只能製作兩、三件棉被，每一件棉被最後都會在紗布上繡上店名商標，並在外面包覆的棉布上再寫上店名和日期，這麼一來，顧客就很容易知道自己買的這床棉被蓋了多久，而這也是李大川棉被店對自家產製的棉被的保證書。

而且在傳統的棉被店裡，棉被並不是一件件賣，而是依照需要的尺寸，秤量想要的重量，例如喜歡蓋輕薄的被子，可以指定五、六斤；喜歡蓋厚重被子的，八斤、十斤蓋起來就很有份量。

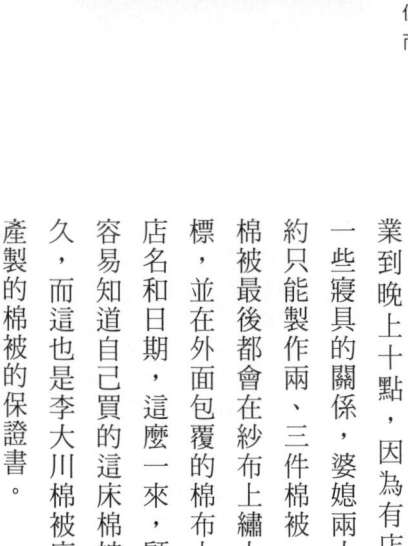

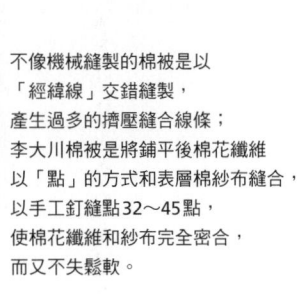

生活中有許多習以為常的事物
卻是值得我們重新認真看待。
所謂的過生活，
應該就是從認真的看待我們生活中
使用到的物品開始吧！

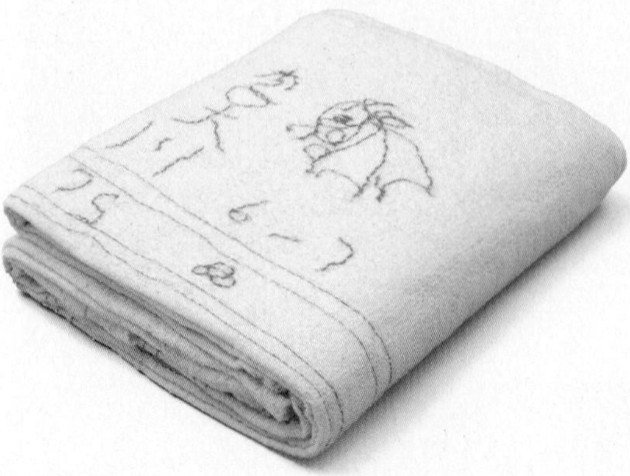

以前會以紅棉線縫製商標，
現則改以商標籤縫製。

天然棉花被耐用又環保

由於時代的進步，現在棉被的選擇不像過去大概只有純棉花製成的棉被一種，這也是為什麼「棉被」成了多數人對被子的通稱。除了棉被，羽絨被、蠶絲被、羊毛被、甚至是化學纖維製成的被子。由純天然的棉花所製成的棉被乾爽透氣，又有極佳的保暖效果，因為純棉被會吸附汗水，所以自古以來也有透過晒棉被讓太陽殺菌、拍打使棉花蓬鬆的習慣。即使日後要丟棄，純棉作成的棉被也不會污染環境。而且一條好的手工棉被，如果善加保養，例如經常更換被單、晒太陽，交由店家翻新，其實可以蓋個一、二十年都沒問題。

在棉花產量減少、價格高漲的年代，李大川棉被店堅持儘可能手工製作的棉被，也在利潤微薄的情況下，努力經營、並提供客製化棉被，顧客可以選擇自己喜歡的尺寸、重量，甚至訂製小孩被或寵物被。

希望對手工製被有著如此堅持的李大川棉被店傳承了三代之後，還能繼續傳承下去。

採訪時正好遇上老客人帶枕頭來修補。

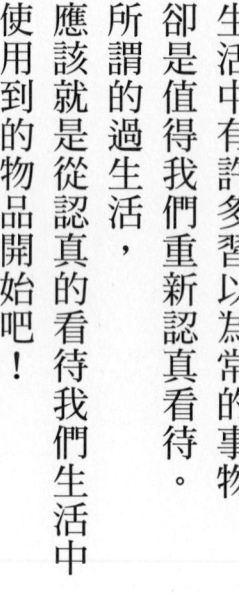

日日・去看海

漁翁之島——澎湖

攝影・文—賴譽夫

就像看著七美島的海蝕平台「小台灣」被海給環著；海，直是台灣生活與文化的重要參與；看海，更是自然而利便不過的了。

甫成為The Most Beautiful Bays in the World組織一員的澎湖，多數以玄武岩構成的島嶼，天然的地質樣貌具有世界級的地位，岩柱在島緣瀕海聳立，初至入目，定讓人懾於奇景。

季候給予海島淘洗，在地景與植被上形成了許多特色，與海蝕互為作用的風化不在話下，植被除了以天人菊為名的澎湖別稱，仙巴掌、馬鞍藤、十角瓜、風茹草……皆是特色植物，部分採為生活所用，甚而入食，是常民風景的一部分。

在季風兩極變異下，以漁捕為主的各島，天然隔離下又彼此交通聯往，織出各小島自有人文特色，又具相當的連結。譬如台灣第一個國家級聚落——望安島「花宅」聚落，與西嶼「二崁村」古厝保護區，在建築材質上有所共通，但因為發展略歧，使得形制在近似中現不同；而馬公（媽宮城）則見之城聚特色與四方交融遺痕。

除去旅人最多的本島南、北環探索，跳島行程是到澎湖看海最佳的選擇，不僅在海上可以全視角觀覽島景，搭乘船艇在島間，更能體領澎湖人的日常交通，以及這群島海域的伏起萬象。

上圖七美嶼海蝕平台「小台灣」。
下圖左至右，玄武岩地貌。七美石滬。澎湖特殊的建材與形制。

桃居・廣瀨一郎此刻的關注❺

尋訪郡司庸久、慶子夫婦的工房

從廣瀨先生那邊聽說有對陶藝家夫婦透過共同作業來創作時，我很好奇他們會是怎樣分工來完成一件作品的呢？於是，在秋高氣爽的一天，我來到了櫪木縣足尾，渡良瀨溪谷鐵路的終點站，拜訪了在車站裡有間工房的郡司夫婦。

文—草苅敦子　攝影—杉野真理　翻譯—王淑儀

櫪木縣足尾過去是東洋第一的銅礦小鎮。沿著渡良瀨川溪谷而行的鐵路是當時運送銅礦的重要運輸之道，現則改為「渡良瀨溪谷鐵路」，成為當地居民的交通工具及觀光鐵道，郡司夫婦的工房就位在這條鐵路的終點站「間藤」。無鐵道員駐站的間藤甚至沒有設剪票口，由站前廣場直接進到月台後，單線鐵路就在眼前，鐵路兩旁緊臨著草木茂密的山林，聽說不時會有羚羊、猿猴從山上下來。車站內的候車室隔壁即為陶藝教室。據說，租借場地的附帶條件是當陶藝老師並兼職看顧車站的腳踏車出租店，才得以用低廉的租金借用此間工房。庸久與慶子就在這間挑高天花板、陽光充分地從大窗戶撒落在寬廣室內的工房裡。乍看還以為是對情侶，是比想像中還年輕的夫婦。

給人身材清瘦，沉默寡言印象的庸久先生出生於足尾，從祖父那代就走上陶藝之路。早先在銅礦場工作的祖父到了70年代礦場關閉後轉而立志成為陶藝家。在接受來自益子的陶工指導之下，打下了燒製陶器的基礎，被稱為「足尾燒」；其父也同樣是在足尾建造窯場的陶藝家，簡言之，庸久先生是第三代製陶人，但他正式開始學製陶卻是在大學畢業之後的事。

「在這以前，我也只是玩票性質地碰一下而已。」

慶子小姐十分嬌小，大眼睛配上短髮，是看上去較實際年齡年輕許多、讓人心生愛憐的可愛女子。有兩隻一白一藍的鸚哥乖乖地站在她的手上或肩上聽著我們的對話。

生於福岡，在東京的美術大學主修油畫的慶子小姐與庸久先生是在益子的窯業指導所認識的。庸久先生在指導所兩年學成後，03年建造了這間工房。慶子小姐則是在益子的畫廊工作，過了一年從足尾通勤到益子的生活後，於04年開始定居，在足尾渡過每一天的生活。

急峻高聳的岩石山脈彷彿要吞沒車站。只有一面寫著站名的告示牌標示著終點站的資訊。

郡司庸久（Gunzi Tsunehisa）
1977年生於櫪木縣足尾町（現在是日光市）。大學畢業後的2001年進入益子町的櫪木縣窯業指導所，2003年於足尾建造工房，獨立開業。之後，慶子小姐一同參與製作，表現的自由度更加寬廣。現在主要以個人展為業。2006年12月中旬在益子町的「STARNET」召開個展。

剛好有輛列車進站。在群木環繞的綠蔭之中，赤銅色的車廂顯得格外鮮明。

在製作作品時，兩人的分工十分清楚。庸久先生負責捏製成形，慶子小姐接手裝飾。「對對方的工作我們幾乎不曾出言干涉。」慶子小姐說道。只是大致決定好主題就開始捏形、上色。一直注意著他們的廣瀨先生說：「這樣的作法讓作品的自由度無限寬廣。」

「其實我們很清楚兩人會互相影響，因而產生變化。」各自創作時期似乎大部分都是小物件。開始兩人合力創作之後，開始做出簡潔的白色器皿、庸久先生曾精細雕刻出香爐、慶子小姐也做過細緻染色的有蓋器皿，還有令人意外的重量感十足的壺、大膽施以飴釉（譯按：含鐵的釉藥，燒成後為於有光澤感的茶褐色）的施釉陶器（slipware），變化豐富。對庸久先生來說，「施釉陶器是一個人

郡司慶子（Gunzi Keiko）
1976年生於福岡市。1999年自多摩美術大學繪畫科畢業，主修油畫。曾進入櫪木縣窯業指導所修習，後來成為益子町的「STARNET」員工，參與商品製作等。2004年開始在足尾與庸久先生開始共同創作。曾在京都的森田建築設計事務所等舉辦個展。

不知在哪裡撿到、或是從誰那裡拿到的珊瑚、蝴蝶、蜂巢、貝殼、羽毛等，與作品、盆栽一起被擺在寬敞的工房裡。
與其說是收集，感覺更像是這些東西自己聚集到這兩人的身邊來呢！

無法達成的境界」，而慶子小姐則說：「我不會造形，若沒有他，我應該不會作陶吧！」兩人的通力合作，似乎產生了加乘以上的效果。

「對作品的想像，通常是當下有興趣的事或日常生活中自然浮現的。」身邊的植物或鳥兒絕對是永遠的靈感繆思。此外，對現今的兩人最大啟發的是中國、土耳其、越南、伊斯蘭等地寺廟中的幾何圖形。

「他們兩人的作品並不是將以前有的世界觀直接拿來重複使用，而是將當下感到有趣的事物，變換成他們自己的風格，製成的作品有他們兩位獨特的溫柔，並且給人一致的感受。」廣瀨先生凝視著這兩位的作品，一臉幸福。

「這世界需要有各式各樣不同的人事物存在才是健康的。郡司夫婦不被單一形式所束縛，你永遠不知道他們會端出什麼來，也因此讓人真心期待下一回的新作。」

兩人細緻的創造性造就出擁有接近體溫般溫度的器皿

文—廣瀨一郎　翻譯—王淑儀

「縝密細緻的紋路裝飾帶來一種沉穩安靜的氣氛。
細細的描線與清澄的色彩造成的規律與緊張感，
反映出作者自少女時代即有的一種從裝飾物件得到的喜悅。
這極度喜愛描繪的繪者，手中的筆觸為我們帶來溫暖。」

■左／右90×20mm・中75×30mm（直徑×高）

「在球體上做鏤雕形成了不可思議的網狀，這獨特的物件拿來做為香爐，十分具有雅趣。
配以黃銅手把的土瓶可看出新穎技術與極簡線條間的完美結合。
這兩件作品確實表現出高超技術，但在技術之外還傳達出令人心悅誠服的感受，
那也許是來自那施於白色陶土上消光釉藥所帶來的，接近人體溫的微妙溫度吧。」

■左130×120mm・右140×130mm（直徑×高）

桃居　東京都港區西麻布2-25-13　☎03-3797-4494　週日、週一、例假日公休　http：//www.toukyo.com/
廣瀨一郎以個人審美觀選出當代創作者的作品，寬敞的店內空間讓展示品更顯出眾。

日日歡喜❺

「伴手禮」

《日日》的夥伴平常因開會、
拍照等而常與人碰面。
就算是私下也常要拜訪朋友，
因此在對於要帶什麼伴手禮
可是各有心得。
這裡就請大家來介紹
自己喜歡的伴手禮吧！

飛田和緒（料理家）

海味禮盒

住家在附近有間海產專賣店，會將當天現撈的吻仔魚煮熟晒成小魚干，有時被請去他們家吃飯，還會吃到生鮮的吻仔魚。基本上，伴手禮我都會買當地特產，自從搬到離海很近的城鎮後，我的特產候選名單就大幅度更新了。紋四郎丸　☎046-856-8625

高橋良枝（編輯）

竹葉捲壽司

《日日》編輯部附近有很多老店，創業於元祿15年的「竹葉捲壽司」也是其中一家。鯛魚、魚鬆、魚卵、青花魚、白肉魚、海苔等七種食材所做的押壽司，用竹葉一個一個包覆著。一口一個的大小，作為下午茶時間的伴手禮剛剛好。竹葉捲壽司（笹巻けぬきすし）☎03-3291-2570

三谷龍二（木工設計師）

真味糖

真味糖是位於松本，明治17年創業的和果子店開運堂的招牌點心。選用核桃與蜂蜜等山上特產的食材，不會太甜膩且具有獨特的口感，實在很棒。本來是生果子，後來為了可以拉長保存時間，現在已改成乾果子。前陣子推出復刻版的生果子，那味道我也很喜歡。開運堂
☎0263-32-0506

久保百合子（造型師）

薑汁蛋糕

可以嚐到薑汁、黑糖、杏仁等複雜多元美味，是大人會喜歡的點心。這家叫做Aigre Douce的蛋糕店從我家只要走路一下就到，所以我常去。每當要去執行拍照的案子時，帶這個當伴手禮送給作菜或是作點心的老師時，大家都很喜歡。看到大家開心，當然送禮的我是最高興的。Aigre Douce（エーグルドゥース）☎03-5988-0330

公文美和（攝影師）

餅乾

可以輕鬆拿出來送人的伴手禮，我第一個想到的就是這個餅乾。小小的紙包裝很可愛，隨著季節不同而改變的餅乾造形有種當季的趣味，像是秋天的話就是蘋果、為萬聖節打扮的小朋友之類的，可愛到令人捨不得吃。寫上「thank you」的餅乾是固定款。DEAN & DELUCA 品川店　☎03-6717-0935

杉野真理（攝影師）

銅鑼燒

這個樸實又可愛的銅鑼燒是我到朋友家拜訪時會帶的伴手禮。不管是店名還是包裝紙上都可以看到小白兔的臉，開封前就已經讓人愛不釋手，禮盒中的銅鑼燒本身並沒有烙印等等，只有簡單的餅皮加上滿滿的餡料，口感紮實。兔屋（うさぎや）☎03-3338-9230

松長繪菜（料理家）

花林糖

我喜歡簡單插一朵花，有時會插桃紅色的古典薔薇，有時則是波斯菊或是鐵線蓮。我也常會送組合了花與手工點心的禮物。如果是在店裡買，我會選擇銀座「立花」的花林糖。把紅色圓罐裡裝著「細枝」的花林糖，拿來當作伴手禮。立花（たちばな）☎03-3571-5661

專欄　植物日和❸

以雜草之名

圖、文—林明雪

蒺藜草．雀稗

秋天的道路兩旁，一些禾本科野草開著比芝麻還小的小花。花莖隨風擺動，花序上的細毛被柔軟的光線照得發亮。這是這個季節僅有的，屬於禾本科的小小感性。

禾本科植物的花是風媒花，沒有好看的花瓣招攬昆蟲，更留不住人們的視線。雖然成員當中也有像小麥和稻子等受到文明馴化的物種，但更多的同伴至今仍留在野地。多數的日子裡，它們以雜草之名成長，以雜草之名群聚並相互掩護，以雜草之名被路過。

今天是禾本科之日，帶著一點點好感，數一數沿路遇到的禾本科植物：

首先是**蒺藜草**：蒺藜草的果實外殼帶有硬刺，容易附著在衣服上。小時候，不管是冬天穿的深色制服長褲，或是夏天的白襪上，經常有它的身影。偶爾會想起小學高年級時的某一天，那天穿著卡其長袖上衣，手肘的地方一直被幾個蒺藜草果實的細刺扎得很癢，不管拔掉幾個，都還有幾個。這是我和蒺藜草在記憶上的連結。每當這類微不足道的往日時光，以即興的方式閃現在腦海裡時，都讓我對於大腦選擇記憶的題材感到不可思議。

「蒺藜」也是古代的兵器名稱，因為是瓷製品，所以稱「瓷蒺藜」。它是一個空心的球體，表面佈滿刺棘，內部可裝填火藥，是古老的手榴彈。「鐵蒺藜」則是近代社會產物，人們為了各種理由將這種密佈鐵刺的網子安裝在圍牆上。在我們的歷史裡，蒺藜已經從一種帶刺的果實進化成了火器與利刃。

雀稗：花穗上有些黃黃紫紫的小點，黃色是花藥，紫色的是花柱，不過要真正看清楚誰是誰，恐怕還需要一把放大鏡。查了「稗」這個字，指的是一些長得像穀物的雜草，有「小而非正統」的意思。很卑微的官叫稗官，平日負責採集記載民間的奇聞軼事，可說是最早的小說家。原來，雀稗和小說有著這樣的關係。它們都是各自領域裡的小而非正統者。

孟仁草：手指狀的花序集中生長在花莖頂端，讓它看起來像一把倒立的掃帚。許多的孟仁草是許多的掃帚，秋天的野地裡時常可以看到整片掃帚群在風中揮來揮去，不知道是風掃過掃帚，還是掃帚掃過了風。

紫紅色的孟仁草有好幾個別名：紅拂草或拂塵草。英文俗名最好玩，叫「腫指草」（Swollen finger grass）。打從知道這個別名之後，只要見到野地裡叢生的孟仁草群，總會覺得整片草原都在發炎。

狗尾草：狗尾草的花序像一個小圓筒，上面密佈著剛毛，富有彈力，確實像小動物的尾巴。同樣是狗尾草，跑到遠一點冷一點的國度，名字就變成了狐狸尾草。

孟仁草・狗尾草

鯽魚草・大黍

鯽魚草：花穗展開來時像棵小聖誕樹，每個側枝上都掛有糖粒般的裝飾物。一個裝飾物代表一個小花穗，當這些小穗成熟結果時，原本粉白的聖誕樹也會變成棕紅色的了。小聖誕樹有多小？有時不到一個手掌高，在每天經過的牆縫上，都會有它的蹤跡。

大黍：是雜草群裡的高個子，外型像稻子，只是比稻子要瘦上一圈。結穗後的大黍是某些小型鳥兒的食堂，雖然供應的果實遠遠不及米粒豐滿。大黍也是馬匹和牛羊的食草，大約在一百年前由熱帶地區引進，沒想到長了滿山遍野之後反倒成了麻煩的草，因為每逢旱季，枯黃的大黍往往是大自然裡的超級易燃物。

禾本科植物是雜草之首，雖然不起眼卻充滿韌性，經常強佔耕地與花園。一篇專為草坪管理者所寫的工作指南上說：「有些雜草會引起過敏和不愉快的感覺」，看來，對一片健康的草地來說，雜草的出現就像得感冒一樣，但除非是帶上口罩，否則要如何防範那些夾帶著外來種子的風？

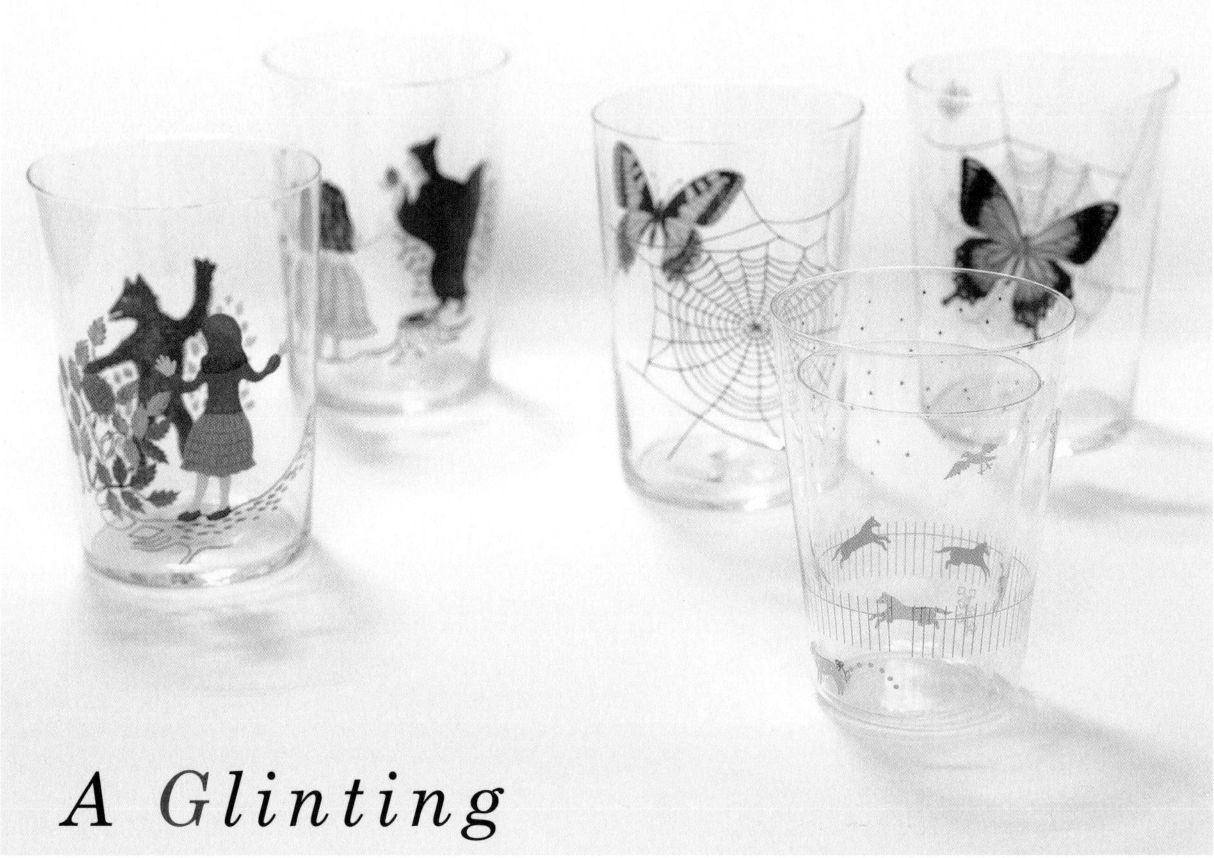

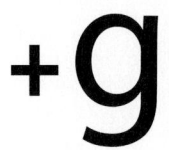

帶來幸福喜樂的節慶花藝

文—Frances　攝影—李維尼

到了12月，即使沒有歐美那麼濃厚過節氣氛，
使用一些簡單的素材，
也能為平凡的生活帶來一些變化的樂趣。
擺脫以往聖誕節經常會出現在大街小巷的聖誕紅或松果，
用枯藤、山歸來編織成的果實藤環，
既別緻又非常有裝飾性，
使用的花材都是即便乾燥了也很有味道的擺飾。

除了藤環，即使沒有過聖誕節或是新曆年的習慣，
在這種迎新送舊、到處充滿慶祝的月份，
插一盆搭配蠟燭的桌花，
用宛如森林般的設計，
讓簡單的餐桌頓時熱鬧了起來，
可以從聖誕節一路歡慶到新年。

「蠟燭桌花」

主要材料：石化雞冠、紅水木、藍柏、虎頭蘭、水草、松枝、蠟燭

① 將花泉（海綿）吸水之後，切割出不超過盤子的高度，鋪在盤子裡，上面覆上水草。

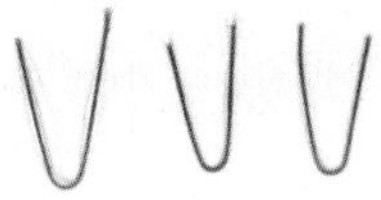

② 剪好數根約10公分的18號鐵絲，折出U字形。

③ 在水草表面，以粗細交錯的方式橫向鋪上紅水木，並用U形鐵絲固定。

④ 把蠟燭放在靠邊1/3的位置。

⑤ 將石化雞冠剪短，分大小群組插在蠟燭兩側。

⑥ 空隙處插上藍柏。

⑦ 最後在中間位置插上作為焦點的虎頭蘭，並用剩餘的松枝在周邊做不對稱裝飾。

「果實藤環」

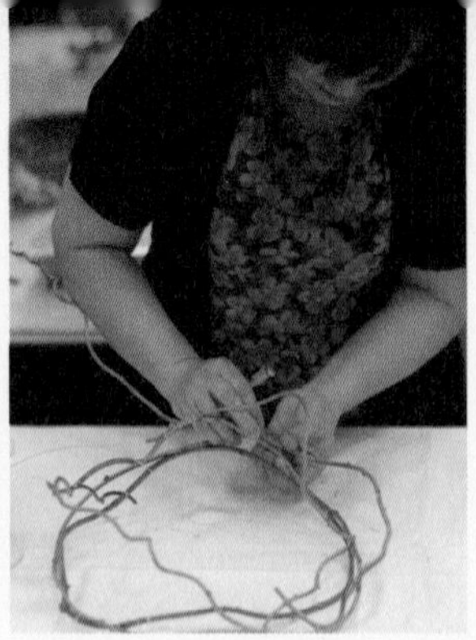

林連素珍

德國花協（FDF）與工商總會（IHK）
Master Florist考試通過（歐盟認證），
現任行政院勞委會技能競賽花藝職類裁判團成員，
中華花藝研究推廣基金會花藝教授及北區分會長。

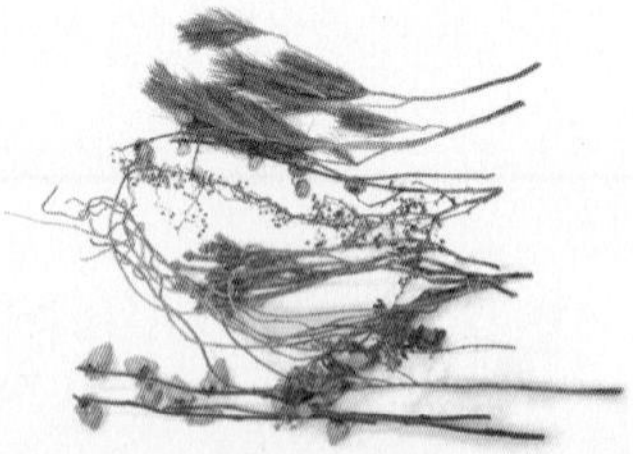

主要材料：枯藤、松枝、山歸來、小綠果、南瓜茄、牛角茄

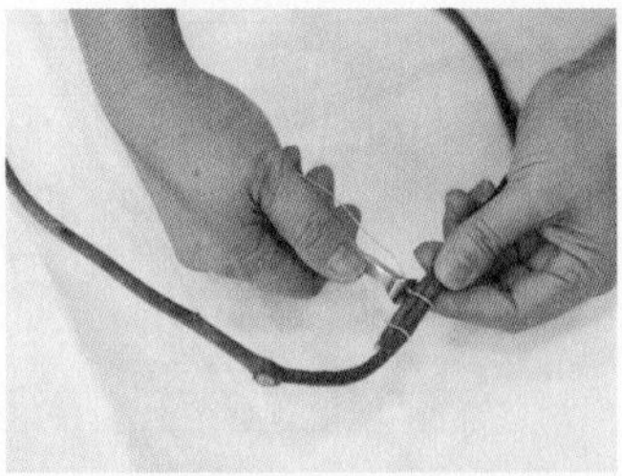

① 先取一根枯藤圍成環狀，接點用鐵絲綁緊，每個接點都要綁兩個綁點。

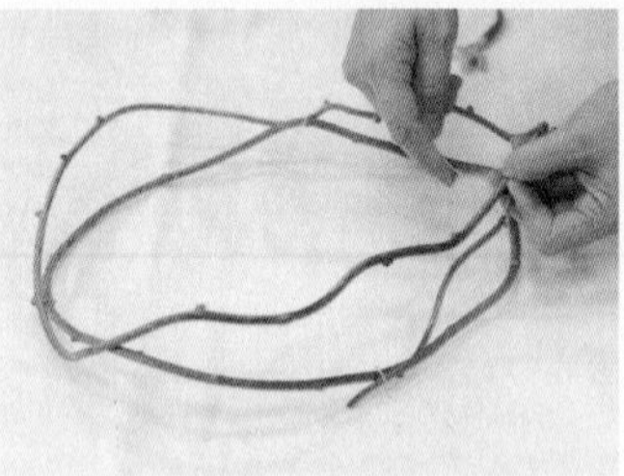

② 繼續繞下一根枯藤，將頭尾兩端綁在前一根藤環上，綁點要錯開。

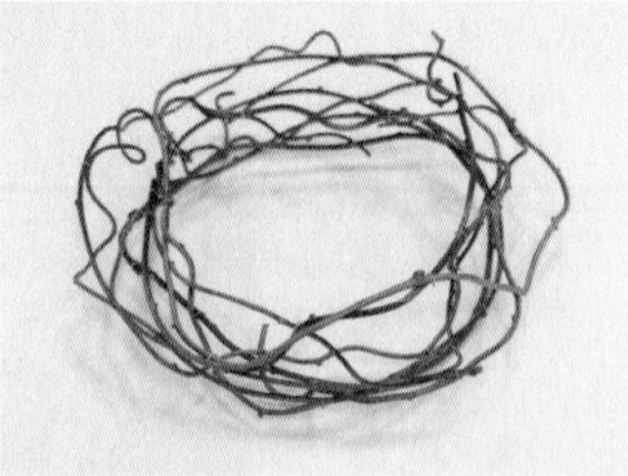

③ 總共環繞約12層藤環，纏繞時要隨時調整環形。

④ 以不規則分布將松枝繞上藤環，自然隨意地呈現。同時找出懸掛點，做為中心。

⑤ 將山歸來和小綠果纏繞在藤環自然形成的空間，以鐵絲綁住以免搖晃變形。

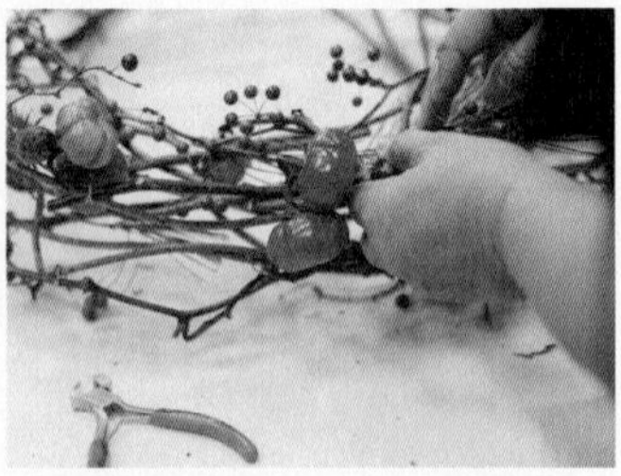

⑥ 最後以不對稱分布加上較具重量感的南瓜茄與牛角茄。

花藝新手 Tips

如果藤環的自然形狀裡剛好有可以勾掛的位置，可以不需另外綁上懸掛用的鐵絲。

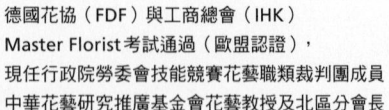

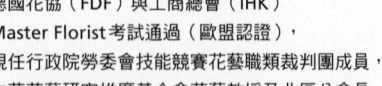

日々・日文版 no.6

編輯・發行人——高橋良枝
設計——赤沼昌治
發行所——株式會社Atelier Vie
http：//www.iihibi.com/
E-mail：info@iihibi.com
發行日——no.6：2006年12月1日

日文版後記

特集中，松長繪菜小姐的京都之旅剛好與每年八月的御盆節及大文字送火活動時間重疊。京都的夏天是有名的熱，但那年的酷暑是超乎想像的。靜止不動的悶熱空氣像是壓縮在京都盆地裡般，就算搧動扇子也無法帶來一絲涼意，只有熱風在動。在這種情形之下，繪菜小姐還是精神奕奕，採訪的工作一刻都不曾鬆懈。

一轉眼，去採訪郡司夫婦時已經是秋高氣爽的日子。他們夫婦倆的工房在車站裡面，天花板挑高很高，寬敞的空間是我們至今訪問過的陶藝家當中看過最舒適的環境。位於終站的鐵路終點，水引草、波斯菊等秋季的花草怒放，抬頭可見掛著紅葉的樹梢與蔚藍清澈的天空。說是採訪工作，但卻享受到十分清新的空氣。

日日的夥伴或是被採訪者都是選擇走上自己喜歡的道路吧？所以大家都是這麼開朗而生氣蓬勃地過日子，因而都如此充滿魅力。（高橋）

日日・中文版 no.3

主編——王筱玲
大藝出版主編——賴譽夫
大藝出版副主編——王淑儀
公關行銷——羅家芳
設計・排版——黃淑華
發行人——江明玉
發行所——大鴻藝術股份有限公司｜大藝出版事業部
台北市103大同區鄭州路87號11樓之2
電話：（02）2559-0510　傳真：（02）2559-0508
E-mail：service@abigart.com
總經銷：高寶書版集團
台北市114內湖區洲子街88號3F
電話：（02）2799-2788　傳真：（02）2799-0909
印刷：韋懋實業有限公司

發行日——2012年12月5日初版一刷
ISBN 978-986-87817-9-5

日日 / 日日編輯部編著. -- 初版. -- 臺北市 ：
大鴻藝術, 2012.12　52面 ; 19×26公分
ISBN 978-986-87817-9-5（第3冊：平裝）
1.商品 2.臺灣 3.日本
496.1　　101018664

中文版後記

日前，日日雜誌以菜鳥之姿，在信義誠品舉行了一場關於日日雜誌的座談。人家說三人成虎，更何況我們有四人，結果因為太胸有成竹，於是講得零零落落（好啦，我知道這成語不是這樣用的）。為了挽回發行人的顏面，借此機會得好好闡述一下當初發行這雜誌的初衷。「我認為，與自己同一世代的中青世代，受了村上春樹文學的影響，喊了太久的小確幸，十多年來還一直停留在形式與氣氛，甚至文字上的營造，這也是對自己的反省。希望可以落實普通、實在的生活。透過實際的店鋪、書籍雜誌等，成為幫助讀者在尋常生活中找到幸福感的雜誌。從每天吃的飯菜、器皿雜貨、食材，還有手工藝品開始。」不瞞大家說，其實這段是之前寫給某報紙的採訪問答，可是因為遲遲未刊登，就拿來偷用一下。不知道大家是否已經被贈品養大了胃口，希望沒有贈品的下一期，還有機會見到大家！（酒醉中的發行人）

大藝出版Facebook粉絲頁http：//www.facebook.com/abigartpress
日日Facebook粉絲頁 https://www.facebook.com/hibi2012